THÉORIE

DU

GALVANISME.

THÉORIE

DU GALVANISME;

SES RAPPORTS

AVEC LE NOUVEAU MÉCANISME
DE L'ÉLECTRICITÉ,

PUBLIÉ EN L'AN 10.

Par J. H. D. PÉTETIN, D. M., Président de la Société de Medecine de Lyon, Associé correspondant de celle de Grenoble, de la Société des Sciences et Arts d'Aix-la-Chapelle, Membre ordinaire de l'Académie des Sciences et Belles-Lettres, et de la Société libre d'Agriculture de Lyon.

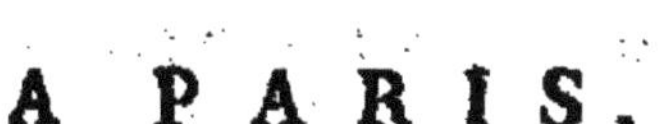

Dans l'explication des phénomènes de la nature, il ne faut pas multiplier les principes sans nécessité. Axiome....

A PARIS,

Chez BRUNOT, Libraire, rue Grenelle-Saint-Honoré, n.° 13;

ET A LYON,

Chez REYMANN et Comp.ᵉ, Libraires, rue Saint-Dominique, n.° 63.

AN XI. (1803.)

AVERTISSEMENT.

AVANT de publier la seconde partie de mon nouveau mécanisme de l'électricité, qui a pour objet l'application du fluide électrique dans les maladies nerveuses ; il n'est pas indifférent de savoir si, comme l'expérience me l'a démontré, le verre et la résine frottés ne font que mettre en mouvement le fluide électrique des corps, sans en augmenter ou en diminuer la quantité.

Convaincu de la vérité de cette assertion, par les effets identiques et multipliés que j'ai obtenus de l'une et l'autre espèce d'électricité, dans le traitement de différentes maladies nerveuses, j'ai dû, pour la manifester, composer un système qui expliquât tous les phénomènes électriques, en les basant sur les grandes lois de la nature, celles de l'équilibre et du mouvement.

Les papiers publics n'ont point parlé de cet ouvrage, parce que je n'ai pas eu la précaution d'en envoyer l'analyse; mais le temps est venu où les physiciens qui voudront entrer dans la lyce ouverte par le premier *Consul*, à qui rien de grand et d'utile n'échappe, seront obligés de le prendre en considération et d'en donner leurs avis.

En attendant qu'ils prononcent,

j'ai cru devoir m'occuper de la nouvelle découverte du galvanisme, des phénomènes qu'il présente, et de leurs rapports avec l'électricité. Une expérience faite sur la bouteille de Leyde, comparée avec la commotion que l'on reçoit d'une colonne composée de disques de zinc et de cuivre, m'avait donné la conviction de l'identité du fluide qui les anime ; les expériences plus lumineuses de *Volta* m'ont confirmé dans cette opinion.

Après avoir observé les rapports essentiels entre les effets des deux appareils électriques, j'ai dirigé mes vues sur les moyens de découvrir la cause de l'électricité spontanée de la colonne. Je ne sais quel succès auront mes efforts, mais je les crois fondés sur l'expérience ; et si les principes de mon mécanisme d'électricité ont éclairé mes pas dans cette nouvelle carrière, les résultats de mes expériences réfléchiront un nouveau jour sur ces mêmes principes.

Il résulte de la théorie que je présente sur le galvanisme, que les disques de zinc ne s'électrisent point en mettant à contribution les disques de cuivre ; qu'il s'établit entre eux des courans de fluide électrique, sans que leur quantité naturelle en souffre ; que les *centres d'action* qu'ils forment, dans les disques en contact, sont, à quelques modifications près, les mêmes que ceux qui existent dans les surfaces de la bouteille de Leyde.

Je n'ignore pas qu'un physicien savant et chimiste habile a déjà publié une théorie du galvanisme, fondée sur un système d'électricité qui reconnaît deux fluides électriques dans la nature, combinés jusqu'à neutralisation dans les corps ; celle que je présente repose sur un fluide unique, qui ne me paraît pas susceptible d'être décomposé, qui peut être plus ou moins surchargé de calorique, si l'on veut, mais qui, par les différens mouvemens dont il est susceptible, donne la commotion, fond les métaux, embrase les corps combustibles, et disperse au loin les matériaux des plus grands édifices.

On a écrit que le fluide galvanique n'est pas de même nature que

le fluide électrique ; parce que les
métaux oxidés ne transmettent pas
le premier, et conduisent le second.
Ne doutant pas de la vérité de cette
assertion, j'ai attaché aux branches
d'un excitateur en cuivre, termi-
nées par une boule, une chaîne
de même métal, oxidée par le
vinaigre ; j'ai appuyé, sans défiance,
une des boules sur la surface extérieure d'une bouteille de Leyde fortement électrisée, et l'autre sur le
crochet ; le résultat de l'expérience
est une leçon que je suis très-cer-
tain de ne point oublier ; un in-
crédule l'a répété après moi, et a
gardé un profond silence : me
serais-je trompé ? Un troisième
peut nous mettre d'accord.

THÉORIE

THÉORIE
DU GALVANISME;
SES RAPPORTS
AVEC LE NOUVEAU MÉCANISME
DE L'ÉLECTRICITÉ,

PUBLIÉ EN L'AN 10.

Il existe dans la nature des substances qui, par leur excessive ténuité, échappent aux organes des sens, et possèdent néanmoins des forces motrices incalculables. Tout ce que l'observateur peut faire, est de recueillir les effets variés qu'elles produisent, de les comparer, de les analyser, d'en tirer des conséquences propres à éclairer leur manière d'agir, à les faire

A

servir aux progrès des sciences et des arts, et, s'il se peut, à l'avantage du genre humain.

Le fluide électrique, méconnu pendant des siècles, ne s'est manifesté aux premiers observateurs que par des attractions et des répulsions ; en perfectionnant les moyens, on l'a vu jaillir sous la forme de lumière, d'étincelles, embraser les corps, calciner et revivifier les métaux, soulever les eaux des lacs et des mers, s'élancer des nuages avec un bruit épouvantable, ébranler les rochers sourcilleux, et disperser au loin les matériaux des plus grands édifices.

La découverte récente d'un nouveau fluide occupe tous les savans. Son apparition a été accompagnée de prodiges. Peu s'en est fallu qu'il n'ait ressuscité les morts ; au moins a-t-il la propriété bien constatée de reproduire en eux le mouvement : déjà on le considère comme le fluide précieux qui anime toutes les parties du corps humain ; et cet aperçu donne l'espérance de procurer à l'homme une longue jeunesse, et de prolonger sa vie.

Ce fluide est le galvanique ; j'omets à dessein les circonstances qui ont manifesté sa découverte, comme superflues à l'objet que je me propose de traiter, et je passe à la considération des phénomènes essentiels qu'il produit.

Une colonne composée de quarante disques de zinc et autant de cuivre, avec des cartons mouillés entre chaque paire de disques, produit les effets suivans.

1.º Elle fait éprouver une commotion sensible, si l'on porte un doigt mouillé sur le haut et le bas de la colonne, et la commotion se perd ordinairement dans l'articulation de la première phalange.

2.º Les effets de la commotion se soutiennent, souvent avec des rémissions (*),

(*) Ces rémissions dépendent moins d'une diminution d'action dans la cause qui produit les effets de la commotion, que de la réaction des parties tendineuses qui s'épuise et se renouvelle à des intervalles plus ou moins éloignés.

aussi long-temps que les doigts restent appliqués à la colonne ; en éloignant l'un ou l'autre, ils cessent aussitôt.

3.° Si l'on place sur le haut de la colonne, chargée de quelques gouttes d'eau, une partie plus sensible que le doigt, l'extrémité du nez, par exemple, on ressent une vive piqûre ; que les yeux soient ouverts ou fermés, on aperçoit un éclair.

4.° Ce phénomène a lieu quand trois personnes composent une chaîne, lorsque les doigts, par lesquels elles communiquent, sont mouillés, et que la dernière touche le disque inférieur de la colonne.

5.° La colonne, montée sur un carreau de verre qui l'isole, produit les mêmes effets.

6.° L'eau salée, le vinaigre, dont on humecte les cartons qui séparent chaque paire de disques, augmentent sensiblement les effets ci-dessus.

7.° Tous les phénomènes de la colonne

galvanique disparaissent, lorsque la chaleur de l'atmosphère élève la liqueur du thermomètre de Réaumur au 24.me degré; mais en humectant les cartons avec du fort vinaigre, ils se font vivement remarquer (*).

8.° Cette colonne ne manifeste aucun signe d'attraction, de répulsion; elle ne laisse apercevoir ni aigrettes, ni étincelles; elle n'excite aucune sensation dans le doigt que l'on met en contact avec le disque supérieur, quoique l'inférieur communique avec le réservoir commun, différente en cela de la bouteille de Leyde, qui perd ses forces électriques, et donne au doigt appliqué sur son crochet plusieurs étincelles.

9.° Cependant on a imaginé des appareils, à la faveur desquels on a vu le fluide galvanique sous des formes lumineuses; et les expériences de *Volta*

____

(*) La chaleur excessive de l'été m'a permis de vérifier ce fait plusieurs jours de suite.

offrent la preuve incontestable, que cette colonne réunit les deux espèces d'électricité ; la vitrée appartient aux disques de zinc, et la résineuse à ceux de cuivre.

Vouloir expliquer les phénomènes de la colonne galvanique et son électricité spontanée, d'après les principes du docteur *Franklin*, ce serait méconnaître les lois de l'équilibre et du mouvement, et se faire illusion sur la propre activité du fluide électrique ; ce serait supposer que le zinc, formé comme le cuivre au sein du réservoir commun, façonné en disques par l'art, enlevât au cuivre son fluide électrique propre, s'en surchargeât, et le laissât dans un état négatif ; ce serait dire, en d'autres termes, que l'attraction du demi-métal, pour le fluide électrique, n'a point été satisfaite ni dans la terre, où l'on croit que ce fluide abonde, ni par l'attouchement des corps qui peuvent lui en donner ; ce serait avancer que le cuivre n'a aucune propriété attractive pour ce même fluide , puisqu'il s'en laisserait dépouiller , et ne saurait le reprendre du réservoir commun sur lequel il repose ; ce serait allier une grande erreur à une vérité démontrée par l'expérience, et que la raison serait tentée de rejeter, si l'on s'obstinait à la présenter, comme le produit du rapt que le zinc ferait au cuivre de son fluide électrique propre.

J'ai combattu cette théorie par de nouvelles expériences auxquelles ces principes ne sont point applicables, et je crois avoir suffisamment prouvé que les corps électrisés ne contiennent réellement que leur quantité naturelle de fluide moteur ; que la différence des forces électriques dont ils sont animés, dépend du nombre des rayons qu'ils envoient dans l'espace, et de ceux qu'ils en reçoivent ; que ces forces naissent l'une de l'autre , et sont susceptibles de se communiquer au fluide électrique des autres corps , d'après les lois de l'équilibre et du mouvement ; qu'on peut les réunir dans un seul conducteur, et produire l'intéressant phénomène d'une aiguille douée de deux pôles électriques différens, tournant sur son axe, lorsqu'on présente à un de ses pôles une force électrique de même nom ; que la commotion donnée par la bouteille de Leyde, est un effet direct de l'opposition de leurs rayons respectifs dans le *vide d'air* qu'ils établissent, et qui en opère la destruction.

Les nouveaux principes sur lesquels j'ai fondé l'explication de tous les phénomènes électriques du verre et de la résine, me paraissent devoir répandre une lumière moins incertaine sur l'espèce de mouvement que le fluide électrique développe spontanément, dans les pièces qui composent la colonne galvanique ; sur la direction des rayons qu'elles s'envoient simultanément ; sur la commotion plus ou moins vive qu'on en reçoit lorsqu'on les sollicite, en établissant une communication non interrompue entre elles : il me paraît encore que la découverte de l'électricité spontanée de cette colonne doit affermir les principes sur lesquels j'ai établi ma nouvelle théorie électrique, et que les suppositions que j'ai mises en avant pour distinguer l'électricité du verre et de la résine, en recevront des preuves plus directes.

Si je n'ai point parlé de la cause immédiate du mouvement que contracte le fluide électrique dans le verre et la résine frottés, mes conjectures, à cet égard, ne pouvaient être appuyées par l'expérience ; mais j'en ai découvert une que je crois devoir éclaircir ce mystère dans la colonne galvanique ; et cette cause, pour être convenablement développée, exige que je procède avec ordre dans l'exposition des qualités sensibles du fluide électrique, reconnues et avouées par l'expérience.

PRINCIPES

De l'électricité spontanée de la colonne galvanique.

1.º Le fluide électrique répandu dans l'espace, et renfermé dans les pores des corps, est par-tout en équilibre avec lui-même ; si quelque cause vient à le rompre, il se rétablit aussitôt.

2.º Les molécules de ce fluide tendent à se repousser et à occuper un plus grand espace ; on peut les considérer comme un ressort bandé dans les pores des corps, qui fait continuellement effort pour en sortir.

3.º L'air qui enveloppe et comprime la surface des corps, est la cause la plus puissante pour retenir le fluide électrique dans leurs pores ; l'attraction que leurs parties intégrantes exercent sur lui, est subordonnée à la première.

4.° Le zinc, le cuivre et tous les autres corps ont leurs pores pleins de fluide électrique, c'est leur quantité naturelle ; l'attraction qu'ils exercent sur ses molécules, est la même en intensité.

5.° En plaçant un disque de zinc sur un disque de cuivre, on chasse plus ou moins l'air qui comprime leurs surfaces intérieures, et les disques se touchent par des points plus ou moins multipliés.

6.° Supposons que le zinc contienne dans ses pores une quantité de fluide électrique respectivement plus grande que celle du cuivre, l'éffort qu'il fera pour en sortir sera aussi plus grand ; et comme l'air n'est plus un obstacle suffisant pour contre-balancer sa force expansive entre les deux disques, il comprimera le fluide électrique propre du cuivre, dans tous les points où il est touché par le zinc.

7.º Le fluide électrique du cuivre ne peut être comprimé par celui du zinc, qu'il ne réagisse en tout sens avec une activité égale ; il s'échappera donc du côté qui lui offre le moins de résistance, et ce sera à travers les pores avec lesquels le zinc n'est pas dans un contact immédiat ; ainsi, le cuivre perdra autant de fluide électrique qu'il en reçoit, et sa quantité restera la même.

8.º Le peu d'air qui existe entre les surfaces des disques de zinc et de cuivre étant insuffisant pour s'opposer à la réaction du fluide électrique du cuivre, il doit franchir les pores que le zinc ne touche pas immédiatement, et se porter dans ceux de ce dernier ; en vertu du mouvement qui lui est imprimé, de celui qui lui est propre, et de l'attraction que ces mêmes pores exercent sur lui, toujours proportionnelle à la quantité de fluide électrique qui leur manque, et le zinc en reçoit du cuivre autant qu'il en donne.

9.º Il s'établit donc une circulation de fluide électrique entre les disques de zinc et de cuivre ; elle constitue l'électricité spontanée de la colonne galvanique.

10.º Le mouvement électrique, produit par la circulation du fluide moteur, a sans doute des résistances à vaincre ; il ne peut donc arriver que par degrés à son plus haut période de développement, et ses effets sensibles doivent suivre les mêmes proportions.

11.º Supposer que le fluide électrique du zinc sorte à travers un tiers de ses pores, que le fluide réagissant du cuivre s'échappe par les deux tiers, c'est avancer une conjecture conforme aux lois de l'équilibre et du mouvement, puisqu'un de masse et deux de vîtesse équivalent à deux de masse et un de vîtesse, et qu'il est démontré que les points de contact, entre les disques, sont bien moins nombreux que les autres, par lesquels ils ne se touchent pas.

12.º Il se développe donc deux forces électriques dans la colonne galvanique, comme elles existent entre les surfaces de la bouteille de Leyde ; celle du zinc est semblable à l'électricité du verre, celle du cuivre à l'électricité de la résine ; la première est *centrifuge*, et la seconde *centripète* ; elles naissent l'une de l'autre, se soutiennent mutuellement, et subsistent continuellement.

13.º Les centres d'action qui se forment dans les disques de zinc et de cuivre étant trop faibles pour vaincre la résistance de l'air qui comprime leurs surfaces extérieures, ils ne doivent lancer aucuns rayons de fluide électrique dans l'espace ; ainsi, toutes leurs forces s'exercent entre les deux surfaces internes d'un disque à l'autre ; d'où il résulte que la colonne galvanique ne peut manifester aucun signe extérieur d'attraction, de répulsion, quelque légers que soient les corps isolés ou non isolés qu'on lui présente.

14.º Les cartons mouillés, placés entre chaque paire de disques, contiennent non-seulement moins d'air, mais ils expulsent encore la plus grande partie de celui qui existe à leurs surfaces extérieures ; la force électrique de chaque centre d'action doit donc lancer, dans leurs pores, des rayons qui compriment leur fluide électrique propre ; et celui-ci, par sa réaction instantanée, doit aussi passer dans les pores des deux plaques ; mais comme ce fluide ne fait que réagir entre deux forces opposées qui le compriment, les rayons qu'il darde ne peuvent que sortir à travers des pores *hétérogènes* (*) ; d'où il suit que les cartons mouillés n'ont que des centres de *réaction*, tandis que les disques de zinc et de cuivre possèdent des centres d'*action* qui

―――――――――――――――――――

(*) J'entends, par hétérogènes, des pores qui ne se correspondent pas. *Voyez* le nouv. mécan. de l'électrique.

se soutiennent par eux-mêmes , lorsqu'isolés on les sépare, après les avoir
appliqués l'un sur l'autre.

15.º Les cartons mouillés établissent
donc une communication entre chaque
paire de disques ; ils réunissent leurs
forces électriques, comme l'armure d'un
aimant en concentre la force ; ils les font
frapper, tous à la fois, quand on touche
avec les doigts humides et en même
temps le disque inférieur et supérieur
de la colonne, ou séparément , quand
on ne comprend dans la chaîne de communication qu'un quart, un tiers ou une
moitié de ces mêmes disques.

16.º En plaçant un doigt mouillé de
chaque main sur le haut et le bas de la
colonne, on établit extérieurement, entre
tous les disques, un conducteur commun,
que leur fluide électrique propre peut
facilement pénétrer , et dans lequel il se
meut avec plus de vîtesse ; ainsi , la
plaque de zinc supérieure , douée d'une

force

force électrique *centrifuge*, tend à com-
primer et à faire jaillir celui du conducteur du côté de la plaque de cuivre infé-
rieure, par un tiers de ses pores, qui
représente cette force ; tandis que, dans
le même moment, cette plaque, animée
d'une force électrique *centripète*, exerce
une compression égale sur ce fluide,
et tend à le lancer du côté du disque de
zinc par les deux tiers de ses autres
pores, qui représentent aussi cette force :
or, si la vîtesse avec laquelle les rayons
se meuvent, de part et d'autre, peut
opérer ce *vide d'air*, ils se réunissent,
entrent en opposition, se choquent,
et produisent, par la réaction du fluide
électrique propre du conducteur, une
commotion plus ou moins forte (*).

(*) J'ai dit qu'en formant une chaîne de trois
personnes, et en posant l'extrémité du nez sur le
haut d'une colonne composée de 3o paires de disques,
et chargée de quelques gouttes d'eau, on éprouve une
vive piqûre, et l'on voit un éclair au moment où la

B

17.º Les causes de l'électricité spontanée existant dans la colonne galvanique, il est incontestable que la réaction du fluide électrique du conducteur, qui reçoit la commotion, ne peut

____

troisième touche, avec un doigt humide, le disque inférieur ; qu'une personne de plus arrête ce double effet.

Si, comme le prétend *Franklin*, la commotion avait pour principe la masse de fluide électrique accumulé à la surface des corps, et qui passe dans les pores d'un autre pour satisfaire à la loi de l'équilibre, je ne vois pas pourquoi une personne de plus dans la chaîne intercepterait ce double effet de la colonne galvanique, parce qu'il est évident qu'elle ne peut affaiblir la quantité surabondante de celui que les disques de zinc sont présumés avoir enlevé aux disques de cuivre, et qu'une bouteille de Leyde donne la commotion à cent personnes comme à dix.

Ce phénomène me semble s'expliquer d'une manière satisfaisante dans mes principes, qui supposent que dans la colonne galvanique, comme dans la bouteille, il existe deux *centres d'action* qui agissent l'un contre l'autre, sans augmentation de fluide électrique, et qui ne font éprouver aucune commotion, quand les *rayons* qu'ils dardent sont trop faibles pour entrer en opposition et s'arrêter.

La persévérance de l'électricité de la colonne gal-

détruire entièrement la force expansive des rayons qui se meuvent à la surface intérieure, d'un disque à l'autre ; il doit la supporter aussi long-temps qu'il reste en contact avec les extrémités de cette colonne, parce que les courans électriques y sont toujours en opposition, tandis que les centres d'action se détruisent nécessairement dans les surfaces de la bouteille de Leyde.

Ce mécanisme de l'électricité spontanée de la colonne galvanique a, comme on peut le voir, les plus grands rapports avec celui que j'ai publié de la bouteille de Leyde, en mettant sous les yeux des pièces de comparaison propres à dévoiler

---

vanique, et la commotion soutenue qu'elle fait ordinairement ressentir, ne s'explique pas mieux dans le système du *plus* ou du *moins ;* puisqu'il faudrait admettre que les disques de zinc et de cuivre fussent constamment surchargés et dépouillés de fluide électrique, malgré son prétendu passage des premiers dans les seconds, et le rétablissement de l'équilibre entre eux ; ce qui implique contradiction.

ce qui se passe entre ses surfaces. Ce sont les mêmes forces, leurs rayons, en nombres égaux, se meuvent de la même manière ; et si les disques de zinc et de cuivre ne s'entourent pas, ainsi que le crochet de la bouteille, d'une atmosphère électrique, c'est parce qu'aucun des deux centres n'excède l'autre dans la colonne, comme dans cette bouteille, et que leur force expansive est insuffisante pour vaincre, je le répète, la résistance de l'air à la surface extérieure de tous les disques.

Cependant, on peut prévoir la possibilité d'élever la somme totale de la force expansive de tous les centres de la colonne au-dessus de la résistance de l'air, soit en les multipliant, soit en augmentant les points de contact entre chaque paire de disques ; et dans ce cas, la colonne doit s'envelopper d'une atmosphère, à la vérité peu étendue, et offrir quelques signes lumineux, lorsqu'on met ses deux forces en opposition, comme dans l'appareil de *Volta*, qui donne une commotion assez vive, et manifeste, dans le point de contact, une légère étincelle.

Avant de déduire des conséquences générales de la théorie que je viens d'établir sur le mouvement spontané, développé par le fluide électrique dans la colonne galvanique, je dois prouver, par des expériences, qu'il n'aurait pas lieu sans la soustraction de l'air entre tous les disques; et qu'en multipliant les points de contact, on doit obtenir une électricité plus forte.

EXPÉRIENCES

Qui viennent à l'appui des principes de l'électricité spontanée de la colonne galvanique.

I.ʳᵉ EXPÉRIENCE.

Élevez une colonne de 40 disques de zinc et autant de cuivre, en interposant entre chaque paire de disques des cartons mouillés ; répandez quelques gouttes d'eau sur le disque supérieur ; touchez le disque inférieur avec un doigt humide, et portez avec précaution l'extrémité du nez sur le haut de la colonne : avec un peu d'attention, vous vous apercevrez que l'eau détonne, vous éprouverez une piqûre sensible au nez, et vous verrez un éclair.

2.me EXPÉRIENCE.

Polissez les disques de la première expérience ; formez la colonne, la commotion sera plus forte, et l'éclair plus lumineux.

3.me EXPÉRIENCE.

Soudez les disques de l'expérience précédente, deux à deux ; montez la colonne à la manière ordinaire, la commotion surpassera celle des deux premières expériences, et l'éclair sera plus vif.

4.me EXPÉRIENCE.

Interposez, entre chaque disque de la deuxième expérience, une rondelle fenêtrée de papier très-mince, n'ayant qu'une demi-ligne de largeur ; couvrez chaque paire de disques d'un carton mouillé, la colonne ne donnera aucun signe d'électricité, quelque précaution qu'on prenne pour la solliciter.

5.me EXPÉRIENCE.

Humectez les rondelles fenêtrées, la colonne ne manifestera que des signes d'une électricité très-faible.

6.me EXPÉRIENCE.

La colonne élevée comme dans la deuxième expérience, si vous interposez entre les deux ou trois dernières paires de disques une rondelle fenêtrée parfaitement sèche, elle ne fera rien éprouver.

7.me EXPÉRIENCE.

Placez au-dessus de la colonne de la deuxième expérience cinq ou six disques de cuivre ou de zinc, vous n'éprouverez qu'une très-faible piqûre ; un disque de plus la fera disparaître.

OBSERVATIONS.

Dans la première expérience, les disques présentent beauconp d'inégalités, quoiqu'ils se touchent par plusieurs points ; ils sont bien moins multipliés que dans la deuxième et la troisième expériences, et l'air n'est pas si exactement chassé d'entre leurs surfaces : cependant la colonne donne une commotion sensible, et l'éclair est léger.

Dans la deuxième expérience, les points de contact, entre les disques, sont plus nombreux ; il existe aussi une moindre quantité d'air à leurs surfaces ; le développement de la force expansive du fluide électrique du zinc se fait plus en grand, de même que la réaction de celui du cuivre, qui lui est toujours proportionnelle : les disques s'électrisent par une plus ample surface, et les rayons centrifuges et centripètes qu'ils s'envoient simultanément, se meuvent avec plus de vîtesse : aussi les effets électriques en sont plus forts.

On réunit, dans la troisième expérience, toutes les conditions propres à obtenir l'électricité spontanée la plus vigoureuse ; il n'est donc pas étonnant que la commotion, qui en est l'effet essentiel, surpasse celle des expériences précédentes, et que l'appareil de *Volta* manifeste une faible étincelle entre les boutons, dont les deux colonnes sont armées, à l'instant du contact.

Dans la quatrième expérience, on ne peut attribuer le défaut de l'électricité spontanée de la colonne, qu'à la légère couche d'air qui existe entre les surfaces intérieures de chaque paire de disques ; elle suffit sans doute pour contre-balancer la force expansive du fluide électrique, et le maintenir dans leurs pores respectifs : en humectant les rondelles fenêtrées qui séparent les disques, non-seulement on chasse l'air contenu dans leurs pores, mais encore celui de la portion des surfaces qu'elles couvrent ; alors il s'y établit un mouvement électrique suffisant pour donner une très-légère commotion.

Le pouvoir de l'air pour contre-balancer la force expansive du fluide électrique dans les disques, et en intercepter la commotion, se montre dans la sixième expérience ; puisqu'il suffit, dans une colonne composée de 100 disques, de placer une rondelle fenêtrée, entre les trois dernières paires, pour en arrêter les effets.

La septième expérience donne la mesure de la force électrique de la colonne ; les disques de zinc ou de cuivre, dont on la surmonte sans cartons mouillés, doivent être considérés comme simples conducteurs de cette force, et non du fluide lui-même, qu'elle met en mouvement, laquelle s'évanouit par la résistance que lui oppose celui des disques sur-ajoutés.

Ces expériences concourent donc à prouver directement,

1.º Que l'électricité de la colonne galvanique a, pour cause immédiate, le développement spontané de la force expansive du fluide électrique, contenu dans les pores des disques qui la composent ;

2.º Que l'expulsion de l'air qui repose sur leurs surfaces, est une condition essentielle pour que ce développement puisse avoir lieu ;

3.º Que les rayons qui s'échappent des disques de zinc pour pénétrer dans les pores des disques de cuivre, sont moins nombreux ; puisque les points par lesquels ils se touchent sont beaucoup plus rares que les autres, qui ne participent pas au contact ;

4.º Qu'il est indispensable que la

force expansive du fluide électrique des disques de zinc surpasse celle des disques de cuivre, pour établir entre eux le mouvement électrique et les forces opposées qui donnent la commotion ;

5.º Qu'une colonne entièrement composée de disques de cuivre, ou de zinc, quelque précaution que l'on prenne de les séparer par paires, en interposant entre chacune des cartons mouillés, ne doit exciter aucune commotion ; parce que, dans les deux cas, le fluide électrique ne franchit pas ses pores, sa force expansive étant contre-balancée de part et d'autre ;

6.º Que beaucoup de métaux et autres substances d'espèces différentes peuvent s'électriser spontanément, et que le zinc qui développe, quand il est en contact avec le cuivre, une force électrique *centrifuge*, en prendrait une *centripète*, s'il était uni avec un métal qui contînt dans ses pores une plus grande quantité de fluide moteur ; ou, en d'autres termes, que le zinc s'électriserait comme la résine, et l'autre métal comme le verre ;

7.º Que la force expansive du fluide électrique du zinc ayant quelque résistance à vaincre, telle que celle du fluide électrique propre du cuivre, soutenue par la présence de la petite quantité d'air entre les disques, ne parvient pas tout-à-coup à son entier développement ; d'où il résulte un accroissement progressif de l'électricité spontanée de la colonne, confirmé par l'expérience, puisque, dans le début, les commotions sont moins fortes ;

8.º Que le plus grand obstacle qu'ait à vaincre le fluide électrique en mouvement dans le zinc et le cuivre, étant la résistance de l'air, toute sa force expansive doit se diriger à leurs faces internes d'un disque à l'autre ; qu'il ne doit par conséquent pas franchir les pores de leurs surfaces extérieures, et l'expérience

le prouve ; car en couvrant d'une poussière très-légère le disque supérieur d'une
colonne composée de 100 pièces, et en
approchant de très-près la boule d'un
excitateur, avec la précaution de toucher de l'autre main le disque inférieur,
cette poussière n'est point attirée par le
conducteur, ni repoussée par le disque ;

9.° Que le fluide électrique, en mouvement dans le zinc et dans le cuivre, ne
peut franchir les pores de leurs surfaces
extérieures, qu'autant qu'on les couvre
d'un carton mouillé, parce qu'il s'applique
plus immédiatement sur les surfaces,
et qu'il contient infiniment moins d'air ;
l'expérience prouve encore que lorsqu'il
est sec, la colonne ne fait sentir aucune
commotion ;

10.° Que la force électrique résidant
dans chaque pore en contact dans les
disques, il doit s'y établir autant de
centres d'action qui se soutiennent par
eux-mêmes ; d'où il résulte que plusieurs

personnes peuvent toucher en même temps la colonne, et recevoir une commotion proportionnelle à la quantité de pores qu'elles couvrent ; mais comme la force des centres se partage, la commotion doit être moindre pour chacune ; l'expérience met encore cette vérité au grand jour ;

11.º Que la vîtesse avec laquelle le fluide électrique de la colonne tend à pénétrer dans le conducteur, mis en contact avec ses extrémités, peut être tellement diminuée par la dessication des cartons, que dans le contact les rayons centrifuges du disque de zinc supérieur, et les centripètes du disque de cuivre inférieur se heurtent faiblement avec ceux du conducteur, et ne produisent qu'une commotion légère, ou, glissant les uns à côté des autres, n'en font éprouver aucune ; en effet, l'expérience vient à l'appui de ce raisonnement ; la colonne montée, depuis quelques

quelques heures, ne donne que très-peu, on dirait que toute sa force électrique soit éteinte ; mais en appuyant fortement sur les disques, on parvient quelquefois à la ranimer ;

12.º Qu'il est vraisemblable que le vinaigre dont on humecte les cartons, l'eau salée, établissent une communication plus intime entre tous les disques par une affinité élective, et qu'en multipliant ainsi les points de contact, et chassant une plus grande quantité d'air, ils mettent en opposition un nombre plus considérable de centres d'action, et obligent le fluide électrique du conducteur de réagir avec plus de force ; effet que l'on attribue sans fondement à l'oxidation des métaux, ou à la décomposition de l'eau ;

13.º Que la colonne ne doit faire éprouver aucune commotion lorsqu'on ne touche que le disque supérieur ou l'inférieur avec un doigt mouillé, parce que la portion de force expansive que les centres d'action détournent à l'exté-rieur, est insuffisante pour exciter la plus légère opposition entre les nouveaux rayons électriques qui se forment, et que ces mêmes centres doivent agir directement l'un contre l'autre dans le même conducteur, pour donner à ses rayons le degré de vîtesse néces-saire, afin de les mettre en opposition et de les arrêter. Le même effet a lieu dans la bouteille de Leyde, lorsqu'on ne l'électrise qu'à la force de deux ou trois étincelles : en la plaçant sur un isoloir, si on porte l'extrémité du nez sur la boule du crochet, on n'y éprouve aucune sensation ; mais en touchant aussitôt la surface étamée, on y ressent une vive piqûre, et quelquefois on aper-çoit l'éclair.

Placez la colonne galvanique sur un bon isoloir ; montez sur un autre, et portez un doigt mouillé sur le disque inférieur ; faites-vous électriser négativement.

La colonne, après quelques tours de plateau, l'est au même degré que vous ; elle repousse aussi loin une balle de moelle de sureau dépouillé de son fluide électrique propre, par un bâton de cire d'Espagne frotté : portez, dans cet état, l'extrémité du nez sur le disque supérieur de la colonne, la piqûre est aussi vive qu'avant l'expérience, et l'éclair aussi lumineux.

Une bouteille de Leyde, forte seulement de huit ou dix étincelles, isolée de la même manière, présente le même signe d'électricité négative à ses deux surfaces, et donne également la commotion que l'on ne reçoit pas du conducteur, parce que le centre d'action est le même ; au lieu que la colonne et la bouteille, quoique donnant les mêmes signes d'électricité négative, conservent toujours leurs centres d'action qui font éprouver la commotion, sans que leurs centres de réaction en soient détruits.

Je crois avoir fait assez ressortir, dans la théorie que je viens de présenter sur l'électricité spontanée de la colonne galvanique, ses rapports intimes avec celle de la bouteille de Leyde; ils seraient plus frappans, sans doute, si le fluide électrique de celle-ci pouvait se mouvoir de lui-même entre ses surfaces, et si l'une d'elles ne s'entourait pas d'une atmosphère; mais les conditions sont bien différentes, et il est impossible d'électriser la bouteille sans que la force expansive de l'un de ses centres ne domine l'autre, et ne lance des rayons de fluide dans l'espace (*) :

(*) Ce n'est point une nécessité, dans le système de *Franklin*, qu'il reste une étincelle au crochet de la bouteille après qu'on l'a déchargée; au contraire, c'est une imperfection, car la loi de l'équilibre la rejette impérieusement, et l'on ne sait à quelle cause l'attribuer.

Ce phénomène est une conséquence essentielle des principes qui servent de base à mon mécanisme d'éloc-

cette différence cependant n'en apporte aucune dans le mécanisme de leur action et les effets que l'on peut en attendre : deux expériences sur le vivant en donneront la preuve.

---

tricité ; il prouve l'existence des deux *centres d'action* qui se forment dans les surfaces de la bouteille au moment où, communiquant avec le réservoir commun, son fluide électrique propre réagit contre celui du conducteur. *Voyez, dans cet ouvrage, l'analyse de la bouteille de Leyde, et les centres d'action et de réaction.*

I.ᴿᴱ EXPÉRIENCE.

Uɴᴇ demoiselle âgée de quinze à seize
ans, d'un tempérament sanguin, d'une
constitution robuste en apparence, mais
très-sensible et très-irritable, nubile à
douze ans, attaquée depuis huit mois
d'une dyspnée spasmodique, avec sentiment douloureux de constriction dans la
trachée artère et autour des fausses côtes,
froid des extrémités, pouls petit, serré,
inégal, inquiétude et mal-aise, n'avait
éprouvé aucun soulagement des différens
remèdes qui lui avaient été administrés
pendant tout ce temps.

Les accès de cette dyspnée revenaient
chaque jour à dix heures du matin, et se
terminaient à six heures du soir ; un
second recommençait à sept heures,
et durait, sans interruption, jusqu'à
minuit : le sommeil était tranquille,

l'appétit bon, et toutes les autres fonctions s'exécutaient librement ; mais une douleur plus ou moins vive se faisait sentir avec assez de constance, dans le haut de la poitrine, entre les accès.

Comme on avait employé les moyens les plus énergiques, les anti-spasmodiques les plus vantés pour combattre cette maladie, et qu'elle m'a paru devoir céder à l'électricité ; j'isolai, le lendemain de la consultation, la malade sur un fauteuil, en présence d'une compagnie nombreuse, et d'un physicien très-instruit, curieux, sans doute, de juger des effets, bons ou mauvais, du fluide électrique dans les maladies nerveuses (*).

Après douze minutes, environ, d'électricité en bain, je tirai une étincelle de la plante du pied ; ô prodige ! la dyspnée cesse aussitôt ; la malade descend

____

(*) M. Mollet, professeur de physique expérimentale à l'école centrale de Lyon.

de l'isoloir, cause avec tout le monde ; et assure ressentir moins de douleur dans la poitrine, que quand l'accès se dissipe par les seuls efforts de la nature.

La dyspnée devait revenir à sept heures du soir ; à l'instant où l'accès commence, on électrise la jeune personne ; six minutes suffisent pour le faire disparaître, et quinze jours s'écoulent sans qu'il se remontre ; mais on avait soin d'électriser la malade matin et soir pendant une demi-heure, et seulement en bain.

L'approche des époques, des changemens brusques et fréquens dans la constitution et la température de l'air, quelques erreurs dans le régime, l'air impur et affaiblissant du spectacle, rappellent la dyspnée avec tout son cortége de mouvemens convulsifs, dont je n'ai pas parlé, parce qu'ils ne la caractérisent pas essentiellement ; l'électricité en triomphe, et quelquefois, au lieu de l'étincelle, il a fallu employer la commotion de la bouteille de Leyde, en la bornant à une jambe : la malade n'est point encore guérie ; mais l'expérience et l'observation me donnent la certitude qu'elle guérira (*).

II.ᵐᵉ Expérience.

Une demoiselle Provençale, âgée de vingt-un ans, d'un tempérament sanguin-bilieux, vive, sensible et très-irritable, sujette, depuis cinq ans, à des convulsions hystériques véhémentes et de longue durée, avec cris, pleurs, sentiment de strangulation et de suffocation qui suspend la respiration d'une manière alarmante, tombait sans mouvement, sans sentiment et sans connaissance,

(*) L'opiniâtreté de cette maladie convulsive m'ayant fait soupçonner qu'elle avait pour principe une humeur teigneuse répercutée, j'ai conseillé la marmelade de cloportes vivans, faite avec le sucre, à haute dose ; depuis ce remède, la malade va infiniment mieux, et la dyspnée est à peine sensible.

et restait quelquefois dans cet état pendant deux jours ; en tenant des discours
sans suite, et qui n'avaient aucun rapport
avec ce qui se passait autour d'elle.

A son arrivée à Lyon, consulté sur
cette maladie, je ne doutai pas que les
médecins de Montpellier, sous la direction desquels elle avait passé huit mois,
n'eussent employé la meilleure méthode
pour la guérir ; et soupçonnant que les
convulsions finissaient par la catalepsie,
je demandai à voir un accès pour me
décider, et je n'attendis pas long-temps.

Il commença par l'abattement, la
tristesse, le sentiment d'un froid aigu
et général ; les convulsions succédèrent
avec une telle violence, que deux ou
trois personnes robustes avaient peine
à la contenir ; son pouls était petit,
serré, inégal ; et au moment de la plus
violente suffocation, elle tombe dans
l'état cataleptique, caractérisé par la
perte du mouvement, du sentiment, de

la connaissance , et l'impossibilité où était la malade de changer les différentes attitudes que l'on donnait à ses membres.

Je répétai plusieurs fois et avec succès, au grand étonnement des parens de la malade, qui ne pouvaient se lasser de ces expériences , une partie de celles que j'ai publiées dans mon mémoire sur la catalepsie hystérique ; elle entendait parfaitement , lorsqu'on lui parlait à voix très-basse sur le bout des doigts et sur le creux de l'estomac, pourvu que l'on en fût très-près , et répondait avec précision à toutes les questions qu'on pouvait lui faire ; elle annonçait , sans jamais se tromper , la durée de ses accès , et le moment de leur retour.

Dans le premier mois , l'étincelle électrique a constamment dissipé la catalepsie ; et lorsqu'on pouvait l'électriser dans les accès convulsifs , une ou deux étincelles suffisaient pour les calmer.

Quand l'humidité de l'air ne permettait pas l'usage de l'électricité, on s'est servi, avec le même succès, des piles galvaniques ; la malade ne distinguait pas la commotion qu'elle en recevait, de celle de la bouteille de Leyde, et les accès cataleptiques ou convulsifs cédaient aussi promptement.

La malade, après trois mois d'électricité en bain, par étincelles, et quelquefois par commotion, soutenue d'un régime presque tout végétal, s'en est retournée parfaitement guérie.

Je ne parlerai point ici de la manière dont le fluide électrique et galvanique agit pour dissiper ou prévenir les mouvemens convulsifs, et faire cesser, comme par enchantement, les accès cataleptiques, souvent d'une très-longue durée ; il me suffit, pour le présent, d'avoir montré, sur le corps vivant sain et malade, les rapports intimes dans leurs effets, après les avoir fait remarquer dans le mécanisme de leur action.

F I N.